Rueff

Technische Industrialisierung

Skript zur Unterrichtseinheit
(MINT / Technik)

FSC
www.fsc.org
MIX
Papier aus verantwortungsvollen Quellen
Paper from responsible sources
FSC® C105338

Technische Industrialisierung

Skript zur Unterrichtseinheit

(MINT / Technik)

von Dr. Andreas Rueff

2. Auflage

Books on Demand

Dr.-Ing. Dipl.-Phys. Andreas K. E. Rueff

Physik-Studium in Kaiserslautern, anschließend
wissenschaftlicher Mitarbeiter am Leibniz-
Institut für Neue Materialien in Saarbrücken,
Promotion in Saarbrücken, anschließend Zusatz-
qualifikation zum Lehramt für Mathematik und Physik.

Bibliographische Information der Deutschen Nationalbibliothek

Die Deutsche Nationalbibliothek verzeichnet diese Publikation in der Deutschen Nationalbibliographie; detaillierte bibliographische Daten sind im Internet über http://dnb.d-nb.de abrufbar.

Zu den mit You Tube gekennzeichneten Seiten sind Lernvideos im Internet verfügbar.

Herstellung und Verlag: B o D - Books on Demand , Norderstedt
ISBN 978-3-746-032191
(15,99€)

2. Auflage, 2017
Internetseite zum Heft: www.mathe-physik-technik.de

(Abbildungen zu den Anwendungen der Dampfmaschine mit freundlicher Genehmigung von www.dampfmaschinenmuseum-frankenberg.de – Förderverein Dampfmaschinenmuseum Frankenberg e.V.)

Vorwort

Die Ausbildung zu fördern und die erworbenen Kenntnisse für den Gebrauch in der Schule und im Alltag griffbereit zu erhalten ist das Ziel dieses Skripts. Die Zusammenstellung orientiert sich an den Inhalten der Unterrichtseinheit > ***Technische Industrialisierung*** < im Rahmen des Unterrichtsfachs Technik. Es ist aus zahlreichen Unterrichtsvorbereitungen hervorgegangen und soll die wichtigsten Inhalte zusammenfassen.

Die vorliegende Zusammenstellung soll nur den notwendigsten Stoff in einer strukturierten Form erfassen und dadurch das Arbeiten erleichtern. Den Gesamtzusammenhang nicht aus den Augen zu verlieren ist die Absicht.

Jedes Lehrbuch lebt von der kritischen Mitarbeit der Leser. Insbesondere in der naturwissenschaftlichen Literatur lässt es sich auch bei sorgfältigster Bearbeitung kaum vermeiden, dass sich Druckfehler einschleichen. Der Verfasser freut sich deshalb über Verbesserungsvorschläge oder Hinweise auf mögliche Fehler.

Als nützliche Gedächtnisstütze zur Unterrichtseinheit zu dienen ist das Ziel.

Kaiserslautern, im Herbst 2014 A. Rueff

Inhalt

Anfänge der Industrialisierung

Die Industrielle Revolution: Jahrhundertwende 18./19. Jahrhundert

Zunächst: Mechanisierung der Arbeit. Mühlräder nutzen die Wasserkraft z.B. im Sägewerk → Ablösung und Erleichterung der Handarbeit.

Später: Arbeitskraft durch die Dampfmaschine.

Natürlicher Antrieb:
(Handarbeit, Mühlen)

- Begrenzt
- Ungleichmäßig
- Störanfällig

Künstlicher Antrieb:
(Dampfmaschine)

- Unbegrenzt
- Gleichmäßig
- Störunanfällig

Dies bewirkte Veränderungen... :

→ ... in der **Produktion** (Textilindustrie: Massenproduktion in hoher Qualität, Arbeit rund um die Uhr in Fabriken, später: Eisenverarbeitende Industrie).

→ ... im **Transport und Verkehr** (Dampfeisenbahn).

→ ... im **Bewusstsein und Verhalten** (Anwachsen der Städte als Arbeitgeber, Mobilität für die Bevölkerung).

Papins atmosphärische Dampfmaschine (1)

1690: Papin lebt in Deutschland und erhält den Auftrag vom Landgrafen von Hessen eine Maschine zum Heben von Wasser zu bauen.

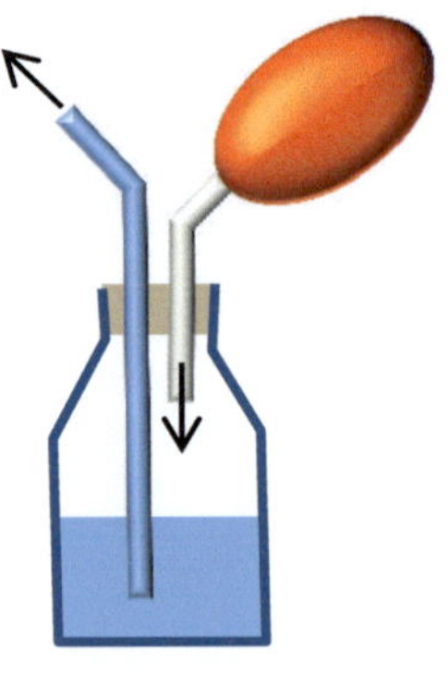

Dabei wollte Papin die Wirkung des Luftdrucks nutzen. Er wollte auf grundlegenden Ideen der Antike (Heronball, Wasserdampfbetriebene Drehkugel) aufbauen und die erstaunlichen Erkenntnisse des deutschen Erfinders und Physikers Otto von Guericke für eine Maschine nutzen.

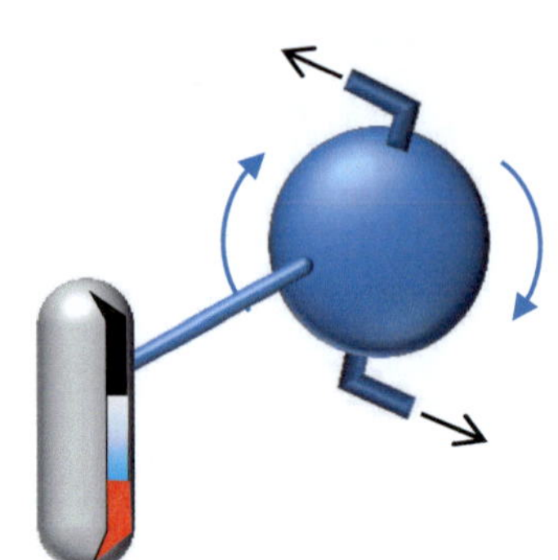

Otto von Guericke zeigte 1654 einen Versuch. Hierbei wurden zwei Halbkugeln aus Kupfer aufeinandergelegt und im Innenraum die Luft herausgepumpt (er erzeugte also ein Vakuum). 30 Pferde schafften es nicht die beiden Kugeln auseinanderzuziehen.

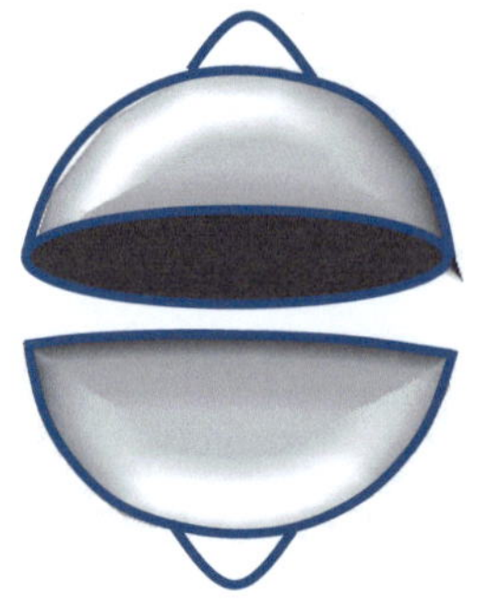

Die Idee Guerickes nutzt Papin und baut eine Maschine die Wasser anheben konnte.

Papins atmosphärische Dampfmaschine (2)

Dampfmaschine nach Papin:

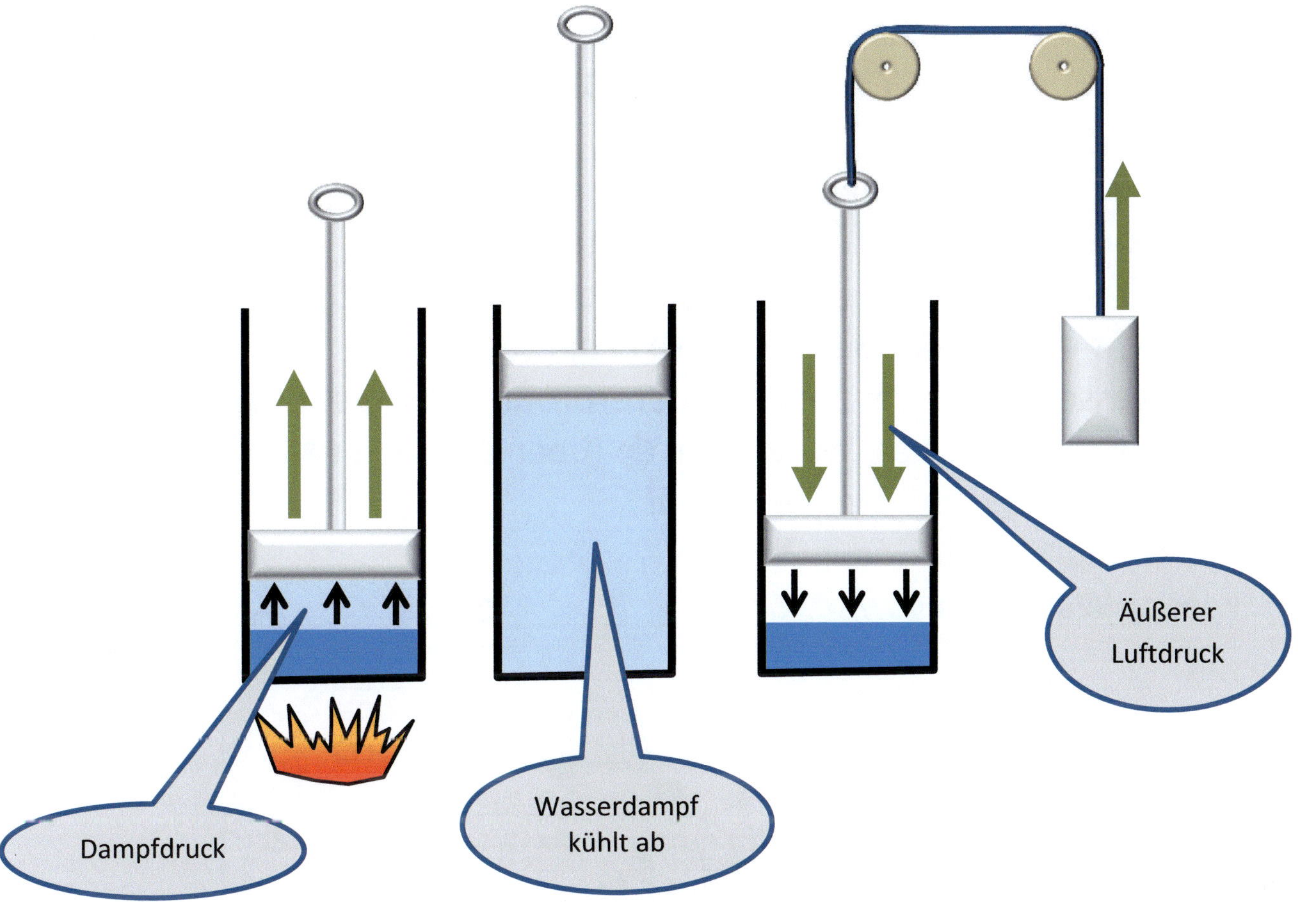

1) Wasser wird erhitzt und verdampft. Der Kolben bewegt sich nach oben.
2) Der Dampf kühlt ab und der äußere Luftdruck drückt den Kolben wieder nach unten.
3) Über Seile wird die Bewegung des Kolbens genutzt um eine Masse zu heben (Wasser aus dem Bergwerk zu pumpen)

Die Maschine findet allerdings kaum Beachtung und ist nicht praktikabel.

Erste praktikable Dampfmaschine

1698: Thomas Savery baut die erste praktikable Dampfmaschine

Funktionsweise:

Der Dampf entweicht bei Öffnung des Ventils ❸ aus dem Kessel ❶ (mit Speiserohr ⓬ und Sicherheitsventil ⓭) durch das Rohr ❷ zum Empfänger ❹.

Dann kondensiert es nach Verschließung von Ventil ❸ dadurch, dass man von ❾ auf ❹ kaltes Wasser herabfließen lässt.

Anschließend wird Wasser aus ❼ durch das sich bildende Vakuum über das Rohr ❺ (und das Saugventil ⓫) angesaugt*.

Das Wasser wird dann nach Wiedereröffnung von Ventil ❸ durch den Dampfdruck über das Druckventil ❿ (über ❻) nach ❽ befördert.

Der dabei in ❹ eintretende Dampf kondensiert wieder, saugt* wieder Wasser an usw.

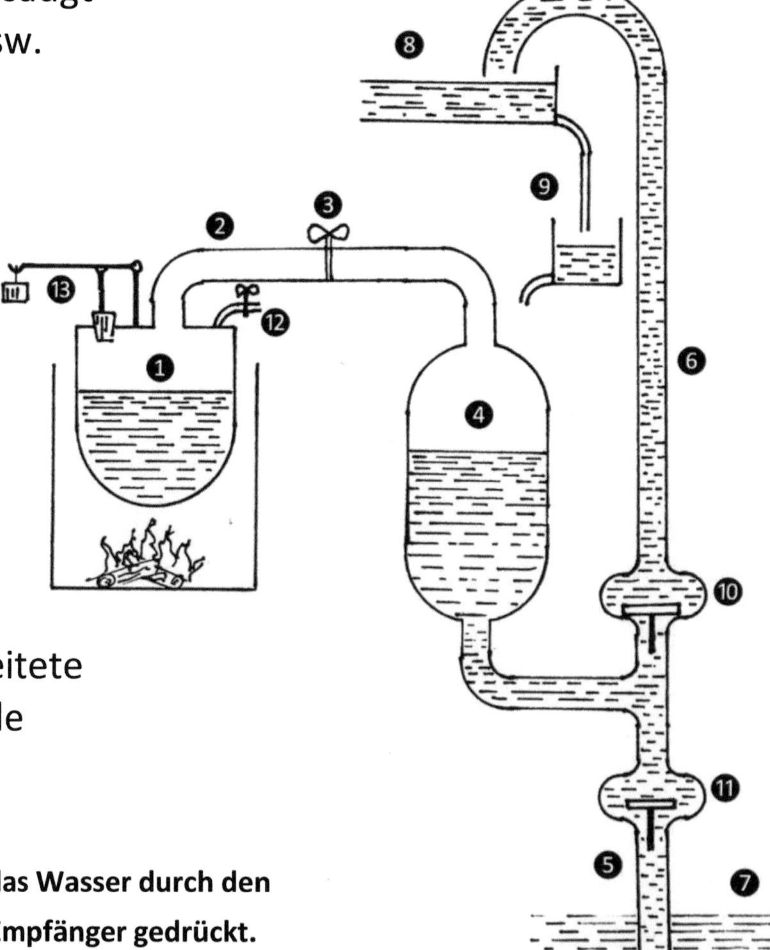

Diese Maschine arbeitete wirkungsvoller als alle bisherigen Modelle.

***Genau genommen wird das Wasser durch den äußeren Luftdruck in den Empfänger gedrückt.**

Weiterentwicklung der Dampfmaschine (Newcomen)

1712: Thomas Newcomen verbessert Saverys Dampfmaschine

Newcomen erkannte, dass die Leistung der Dampfmaschine nur von der Zylindergröße und nicht vom Dampfdruck abhängt (→Niederdruck-dampfmaschine)

Verbesserungen:
1) Einspritzkondensation: Das Kühlwasser wird direkt in den Kolben gespritzt und nicht mehr über den Zylindermantel gegossen. Die Kondensation erfolgte dadurch deutlich schneller!
2) Automatische Steuerung der Dampfmaschine.

Funktionsweise:

1) Der Dampf aus dem Kessel ❶ hebt den Kolben❸ im Zylinder❷ an.
2) Kaltes Wasser ❹ wird in den Zylinder gespritzt → Wasserdampf kondensiert.
3) Der äußere Luftdruck drückt den Kolben ❸ in den Zylinder ❷. Das Kühlwasser ❺ fließt ab.
4) Über den Balancier ❻ (Querbalken) wird eine Pumpe ❼ angetrieben.

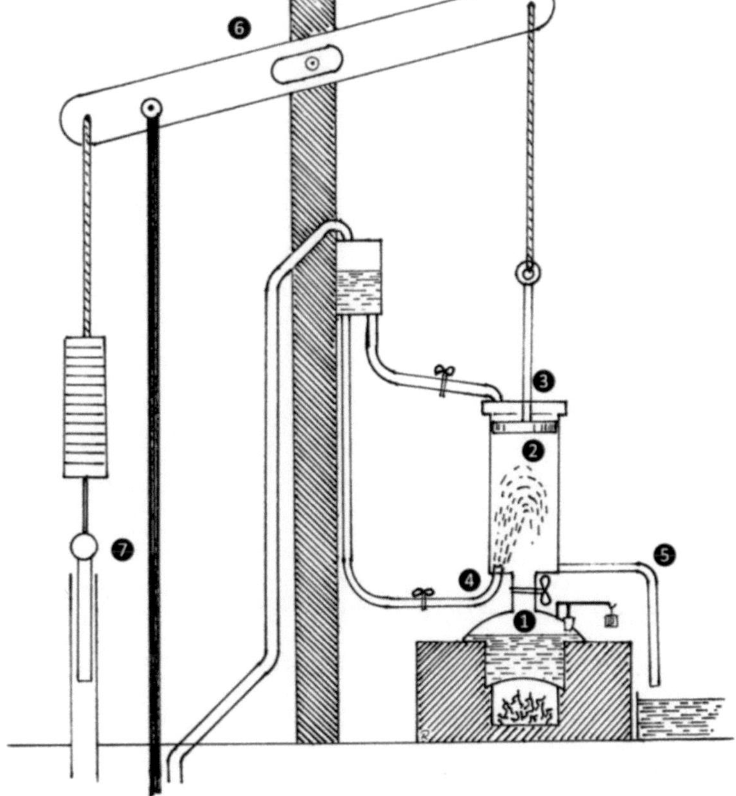

Weiterentwicklungen nach James Watt

James Watt vereinigt gute handwerkliche Fähigkeiten und wissenschaftliche Neugier. Zunächst verbessert er die Dampfmaschine von Newcomen und baut eine **„einfach wirkende“** Dampfmaschine.

Vorteil: 75% weniger Verbrauch!

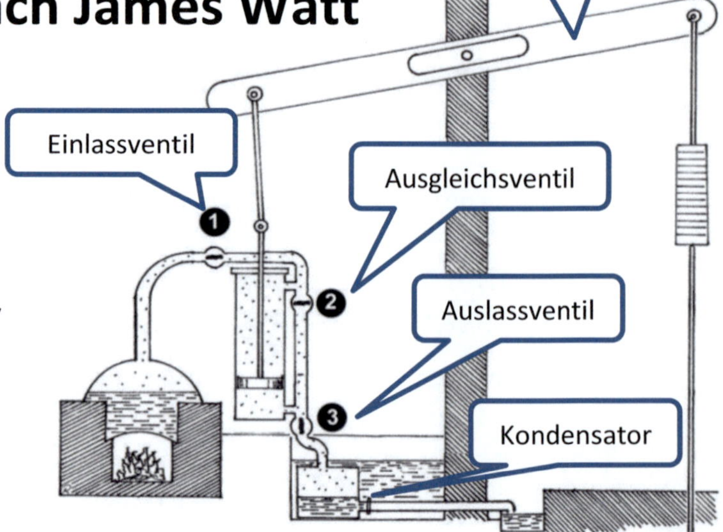

Funktionsweise:

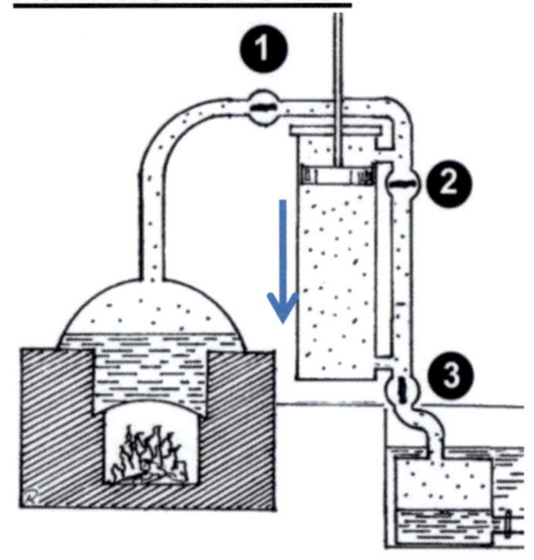

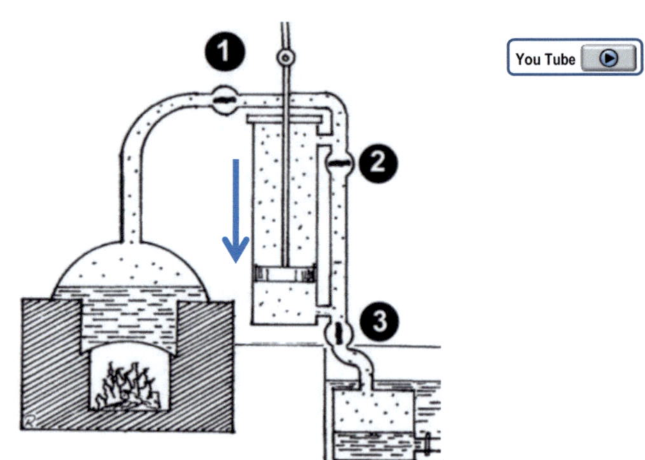

❶ und ❸ sind offen, ❷ geschlossen

Dampf strömt in den Zylinder und drückt den Kolben nach unten. Der Unterdruck im Kondensator zieht gleichzeitig den Kolben nach unten und verstärkt die Wirkung. Es wird Arbeit verrichtet.

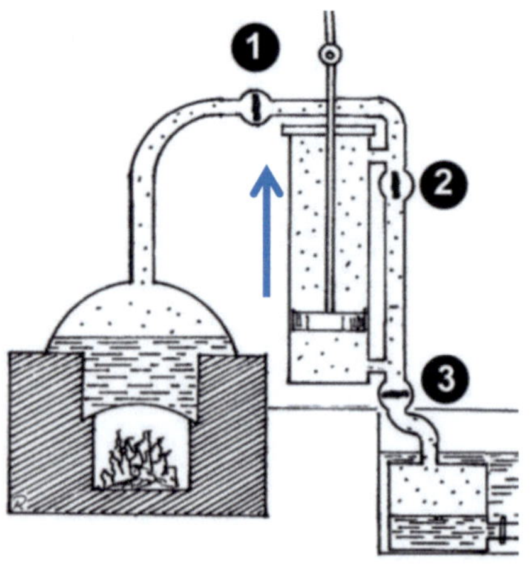

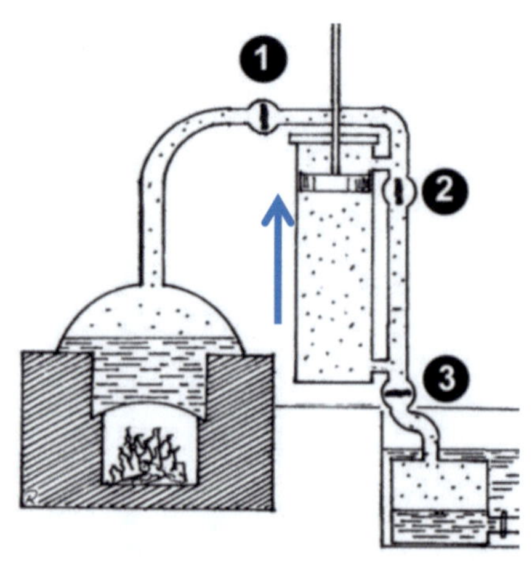

❶ und ❸ sind geschlossen, ❷ geöffnet

Über das Ausgleichsventil wird Druckausgleich über und unter dem Kolben hergestellt. Der Balancier zieht den Kolben wieder nach oben.

Weiterentwicklung der Dampfmaschine (Watt) (2)

1768: James Watt bewirkt die entscheidenden Weiterentwicklungen für die Dampfmaschine.

Er erfindet den **doppeltwirkenden Kolben ❶**. Der Dampf wird abwechselnd oberhalb und unterhalb des Kolbens eingeleitet. Dabei bewirkt der Dampfdruck eine Bewegung des Kolbens in beiden Richtungen. Zudem verstärkt die Erzeugung eines Vakuums auf der Gegenseite des Kolbens dessen Bewegung.

Watt erfand weiterhin den **Fliehkraftregler ❷** um die Arbeitsgeschwindigkeit seiner Maschinen konstant zu halten. Dies war die Geburtsstunde der modernen, mathematischen Regelungstechnik.

Watt entwickelte die Dampfmaschine ständig weiter und erhöhte ihre **Effektivität**. Dadurch wurde der Einsatz nicht nur in Bergwerken interessant. Sie kamen in Spinnereinen, Mühlen, Walzwerken, usw. zum Einsatz.

Die erste Dampfmaschine für die Manchester-Baumwollspinnerei lieferte Watt 1782 an Arkwright. Schon 1810 wurde die Zahl der in Großbritannien arbeitenden Dampfmaschinen auf 5000 geschätzt.

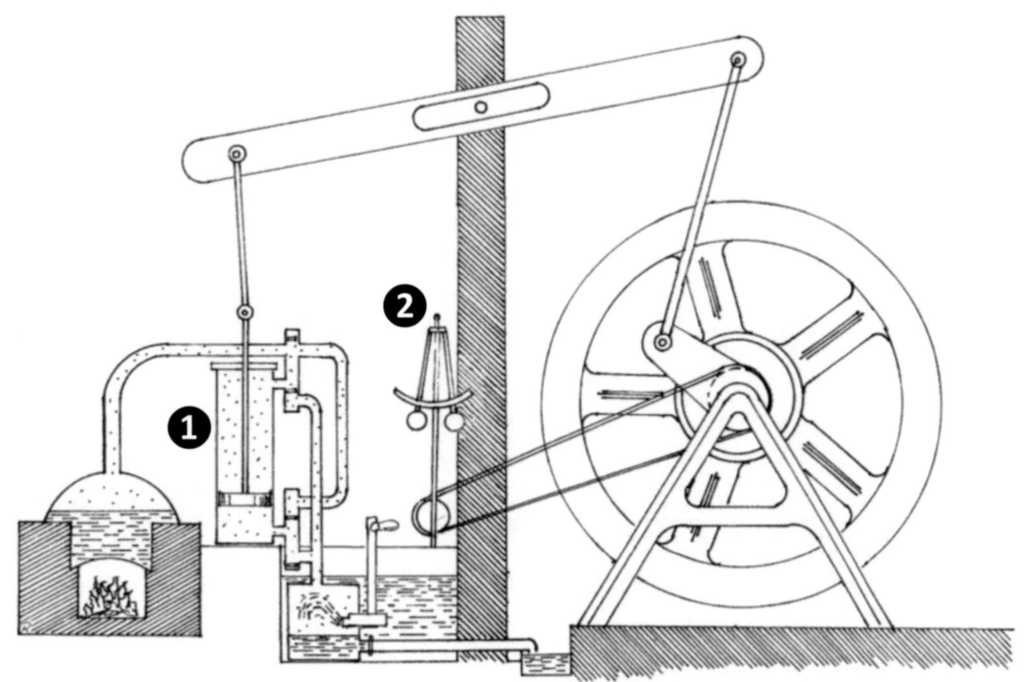

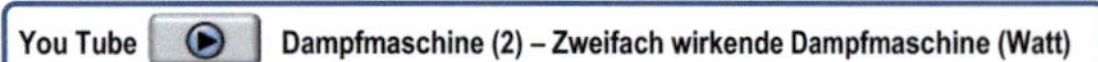

James Watt:

Die <u>zweifach</u> wirkende Dampfmaschine.

Funktionsweise:

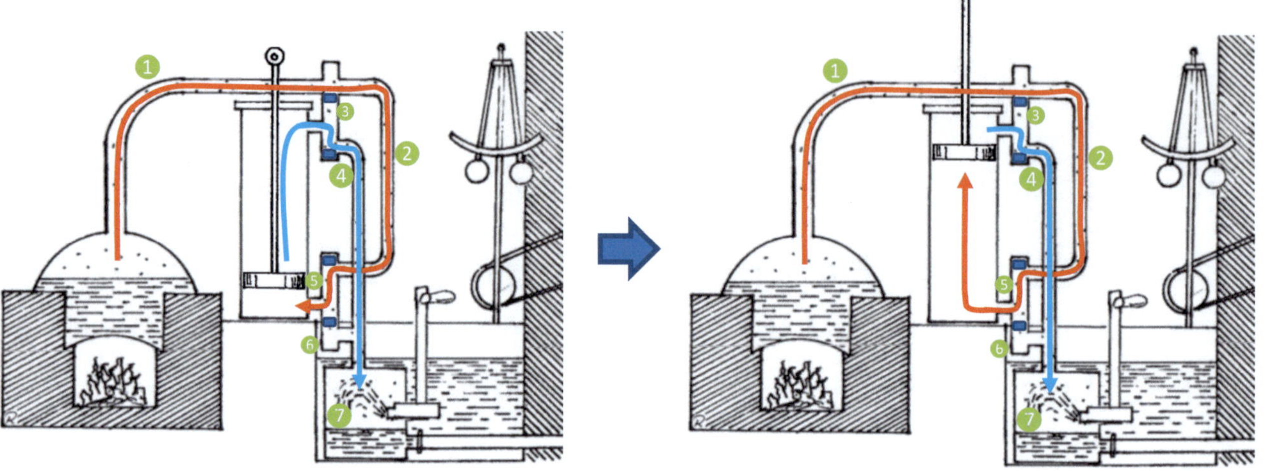

Der Wasserdampf strömt über ❶→ ❷ →❺ in den unteren Teil des Zylinders und drückt den Kolben nach oben. Gleichzeitig wird Wasserdampf aus dem oberen Zylinderteil über ❹ in den Kondensator ❼ geleitet.

Die Ventile werden umgeschaltet.

Die Ventile werden umgeschaltet.

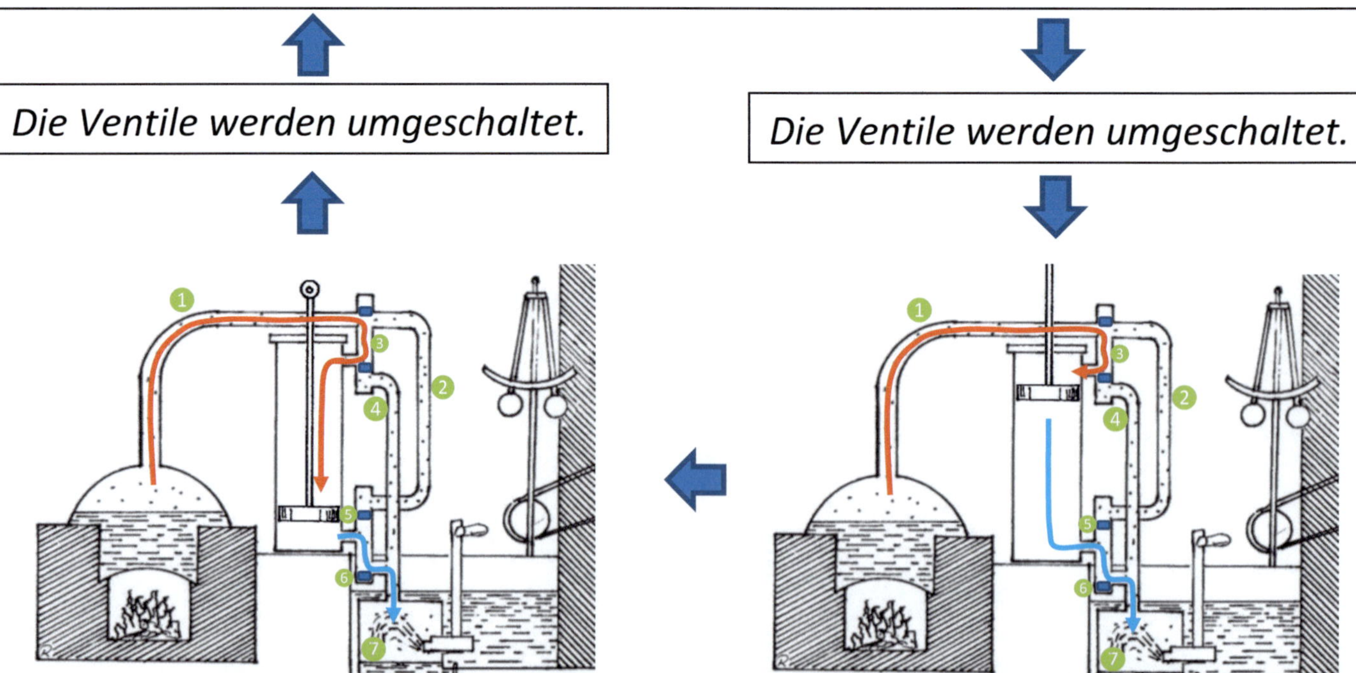

Der Wasserdampf strömt jetzt über ❶→ ❸ in den oberen Teil des Zylinders und drückt den Kolben nach unten. Gleichzeitig wird Wasserdampf aus dem unteren Zylinderteil über ❻ in den Kondensator ❼ geleitet.

You Tube Dampfmaschine (2) (Watt)

James Watt:

Die ____________________ Dampfmaschine.

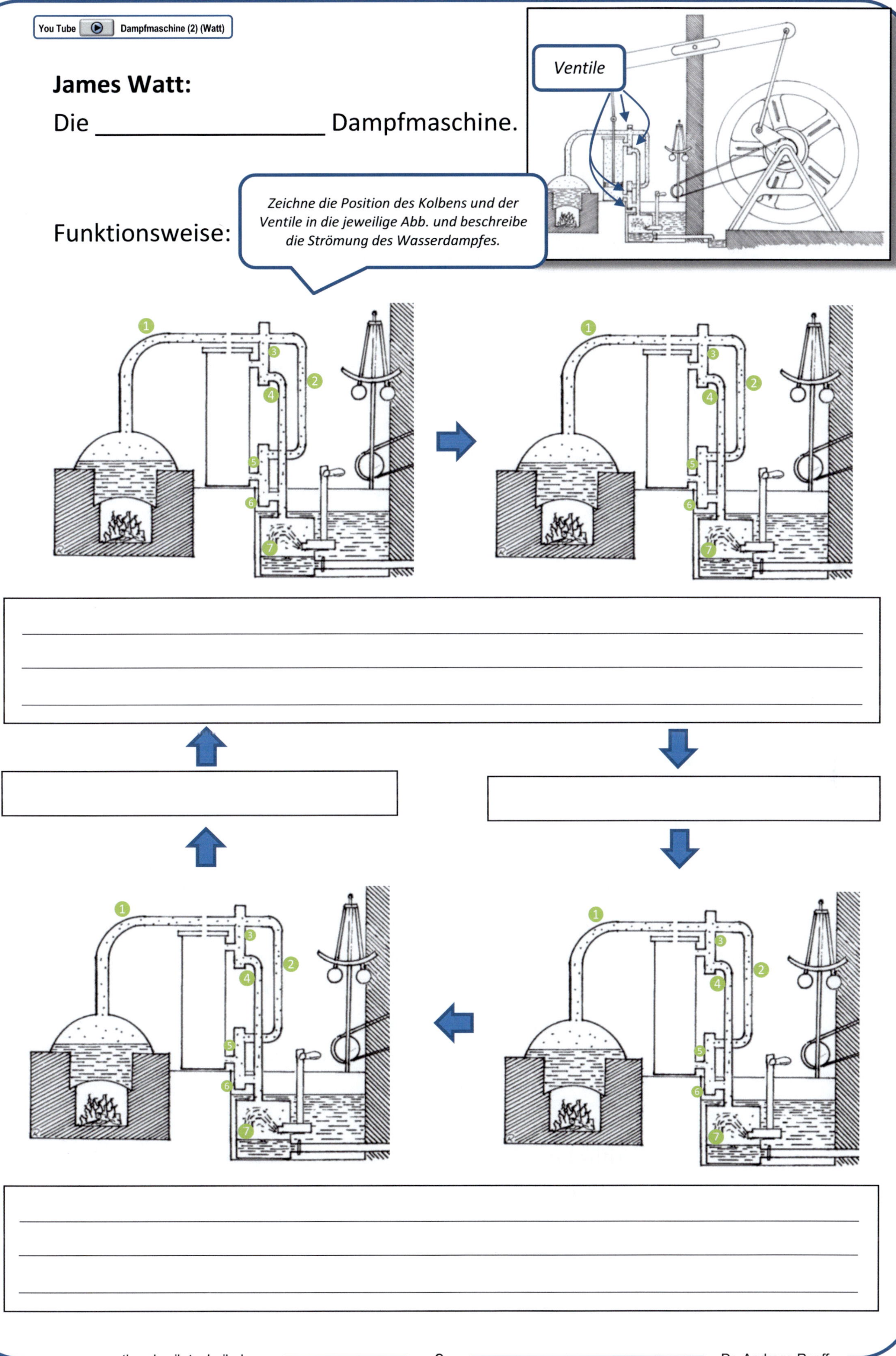

Funktionsweise:

Zeichne die Position des Kolbens und der Ventile in die jeweilige Abb. und beschreibe die Strömung des Wasserdampfes.

Weiterentwicklungen der ersten Dampfmaschine von Papin (Zusammenfassung)

1. **Thomas Savery (1698):** Wirkungsvollere funktionsweise durch effektivere Kühlung des Wasserdampfbehälters mit äußerer Wasserkühlung.
   a. Vorteil: Erste wirklich praktikable Dampfmaschine
   b. Nachteil: hoher Kohleverbrauch!

2. **Thomas Newcomen (1712):** Wirkungsvollere Funktionsweise durch Einspritzkondensation. Das Kühlwasser wurde in den Zylinder gespritzt. Eine raschere Kondensation war die Folge.
   a. Vorteil: schnellere Arbeitsweise
   b. Nachteil: noch immer hoher Kohleverbrauch

3. **John Smeaton:** Weiterentwicklung durch gute Ingenieursarbeit (Optimale Anpassung von Größenverhältnissen der Maschine: Boiler und Zylinder und dichtere Zylinder)
   a. Vorteil: sparsamere Maschinen als zuvor
   b. Nachteil: höherer technischer Aufwand. Die Energieersparnis sollte noch weiter verbessert werden.

4. **James Watt (1768):** Er erfindet den ***doppelt wirkenden Kolben***. Der Dampf wirkt durch Druck und gleichzeitig durch Erzeugung eines Vakuums zur Bewegung des Kolbens.
   Vorteil: Hohe Effektivität – weniger Kohleverbrauch
   Erfindung des ***Fliehkraftreglers*** → konstante Arbeitsgeschwindigkeit der Maschinen!

→ Anschließende durchgreifende Verbesserungen wurden dann durch Verbrennungsmotoren erreicht.

Industrialisierung in Deutschland

Deutschland zu Beginn des 19. Jahrhunderts: Arbeit im Feld oder Stall.

Großes Problem: Deutschland ist eine zersplitterte Nation ohne gemeinsames Staatsgebiet, einheitliche Maße, Währung! Zölle verhindern einen gegenseitigen Handel!

Erst ab 1834: Deutscher Zollverein → Zollfreier Handel!

Bau von Eisenbahntrassen → bedarf von **Eisen** und **Kohle**!

Städte wuchsen an → Die Menschen „ziehen der Arbeit hinterher".

Die **Arbeitsbedingungen** sind schlecht! 1872 liegt die Wochenarbeitszeit bei durchschnittlich 72 Stunden! Gesundheitsschutz für Arbeiter existiert nicht.

Erst die Angst vor Aufständen führt zur Einführung von Kranken- und Unfallversicherung.

Eine weitere Schattenseite der Entwicklung: Umweltverschmutzung!

Fortschritte auf verschiedenen Gebieten der Technik beeinflussten sich gegenseitig

- Seit Anfang des 18. Jahrhunderts: Rückgang des Holzvorrates.
  → Nachfrage nach Eisen als Fertigungsmaterial

- Steigende Nachfrage nach Eisen → Verbesserung des Hochofenbetriebs

- Steigende Nachfrage nach Kohle förderte den Bergbau → tiefere Bohrungen und Anlage von tieferen Schächten, um größere Mengen von Kohle zu gewinnen.

- Tiefere Schächte → Gefahr zu "versaufen" → Verbesserung des Pumpwerkes.

- Bessere Pumpwerke → wirkungsvollere Ausnutzung der Energiequellen

- Verbesserung der Dampfmaschine erfordert exaktere Schmiedearbeit für die Dampfmaschine (Herstellung des Zylinders).

- Einführung der Dampfmaschine → Voraussetzung für die Verbesserung der Eisenverarbeitung und der Schmiedearbeit.

Anwendungen der Dampfmaschine

1. **Fabrikbetriebe:** Weiteste Verbreitung als sog. Betriebsmaschine in Fabriken.

2. **Bergwerke:** Förderung von z.B. Kohle, Eisenerz und Wasser (!) sowie die Aufbereitung der Rohstoffe (zerkleinern, waschen)

3. **Wasserwerke:** Ähnliche Aufgaben wie in Bergwerken

4. **Elektrizitätswerke:** Antrieb von Dynamomaschinen für elektrische Beleuchtung

5. **Transportzwecke:** Entwicklung des Transportwesens
   a. **Schiffsmaschinen:** Antrieb der Schiffsschraube

   b. **Lokomotive:** Antrieb der Räder

   c. **Dampfwagen:** Entwicklung zeitgleich zur Lokomotive

Weiterentwicklung der Dampfmaschine - Verbrennungsmotoren

Erste Anwendungen bei der Weiterentwicklung der Dampfmaschinen waren als **stationäre Motoren** angedacht.

Später erst → Einsatz für mobile Zwecke (Automobil).

→ Erster wirklich wirtschaftlich arbeitender Verbrennungsmotor durch **Nicolaus August Otto** → Ottomotor

→ Entscheidende Vorarbeit durch: **Jean-Joseph Étienne Lenoir**.

Lenoir ist überzeugt: Die Dampfmaschine hat 100 Jahre nach ihrer Erfindung ihren technischen Zenit erreicht. Sie kann nicht mehr weiter-entwickelt werden.

Hauptproblem: ineffizienter Verbrennungsprozess.

Der Brennstoff Kohle muss zuerst **außerhalb des Zylinders** in einer separaten Brennkammer verbrannt werden. Der Dampf wird dann erst in den Zylinder geleitet.
Lenoir sagt sich: "Es wäre doch viel effizienter, den Brennstoff direkt im Zylinder zu verbrennen. **→ „Verbrennungskraftmaschine mit innerer Verbrennung“**

1858 gelingt ihm die erste Konstruktion des **"Moteur Lenoir".**
Funktion: Prinzip der Zweitaktmotoren:

Im 1. Takt wird das Gas angesaugt und gezündet,
Im 2. Takt wird dieses ausgestoßen.

(Ein „Takt“ ist die Bewegung des Kolbens von einen „Todpunkt“ zum anderen, d.h. von einem Ende zum anderen Ende im Zylinder.)

Moteur Lenoir – 1860

Der Motor hat deutliche Ähnlichkeit mit einer doppeltwirkenden Dampfmaschine.

→ Entscheidender Unterschied: brennbares Gas ersetzt den Dampf

→ Die Schieber Ⓢ bewirken, dass das Gas jeweils links oder rechts des Kolbens zugeführt wird.

Funktionsweise:

① Während der Kolben ❶ sich vom Ende des Zylinders ❷ weg bewegt, wird ein Gemisch aus Luft und Leuchtgas in den Zylinder angesaugt ❸.

② Völlig neuartig ist die Zündkerze ❹, welche nun dieses Gemisch durch einen Induktionsfunken zur Explosion bringt.

③ Die Kraft der Explosion treibt nun den Kolben bis zum anderen Ende des Zylinders. Der vorwärtsgetriebene Kolben schiebt die Abgase der vorangegangenen Verbrennung auf der anderen Kolbenseite ❺ aus.

④ Dieser Prozess wiederholt sich nun spiegelverkehrt am anderen Ende des Zylinders. Damit wird gleichzeitig das verbrannte Gas auf der anderen Seite des Kolbens ausgestoßen.

⑤ Als Resultat wird der Kolben in horizontaler Richtung hin und her bewegt ❻/❼.

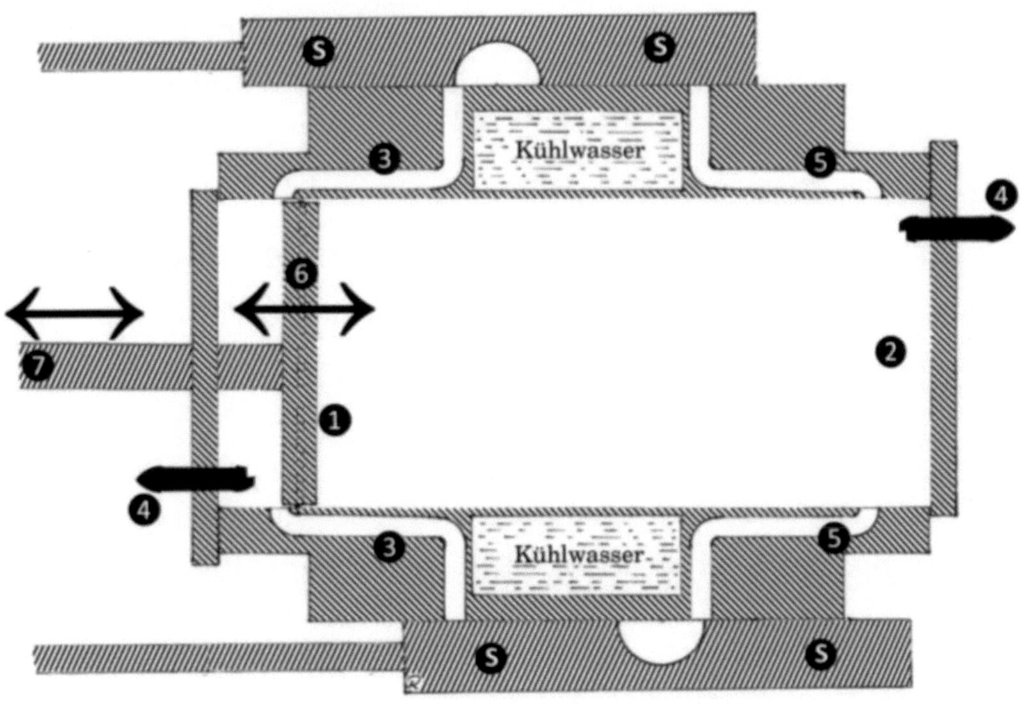

Hubkolbenmotoren

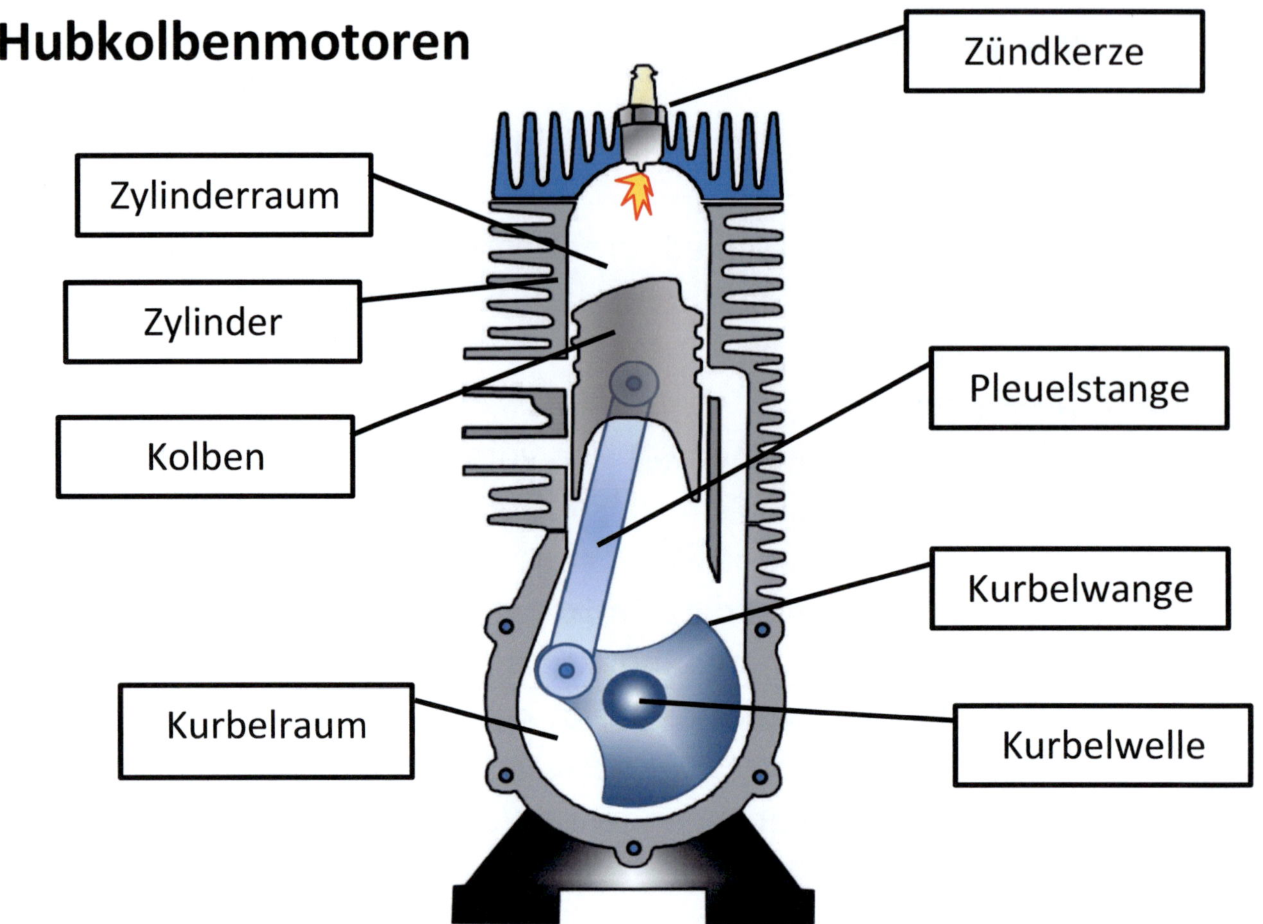

Prinzip:

Verbrennung von Kraftstoff (Benzin oder Diesel) im Zylinderraum:

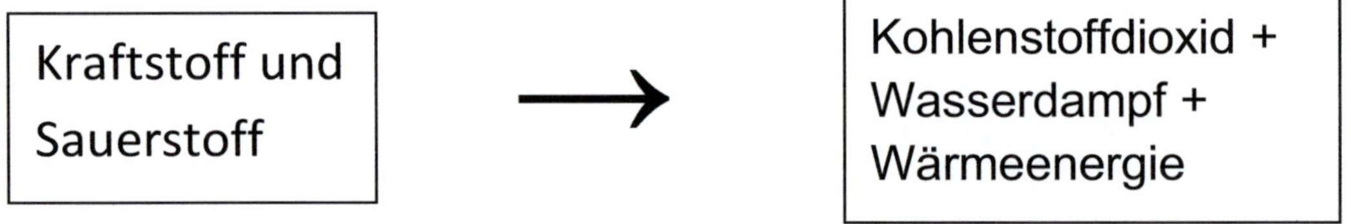

Bei der Verbrennung wirkt eine Kraft auf den Kolben und treibt ihn an. Die Bewegung wird über die Pleuelstange auf die Kurbelwelle übertragen und in eine Drehbewegung umgesetzt.

⟶ Die einzelnen Bauteile müssen dabei zuverlässig zusammenarbeiten.

⟶ Verbrennungsmotoren benötigen eine Starteranlage um anzulaufen.

Der Zweitakt-Ottomotor

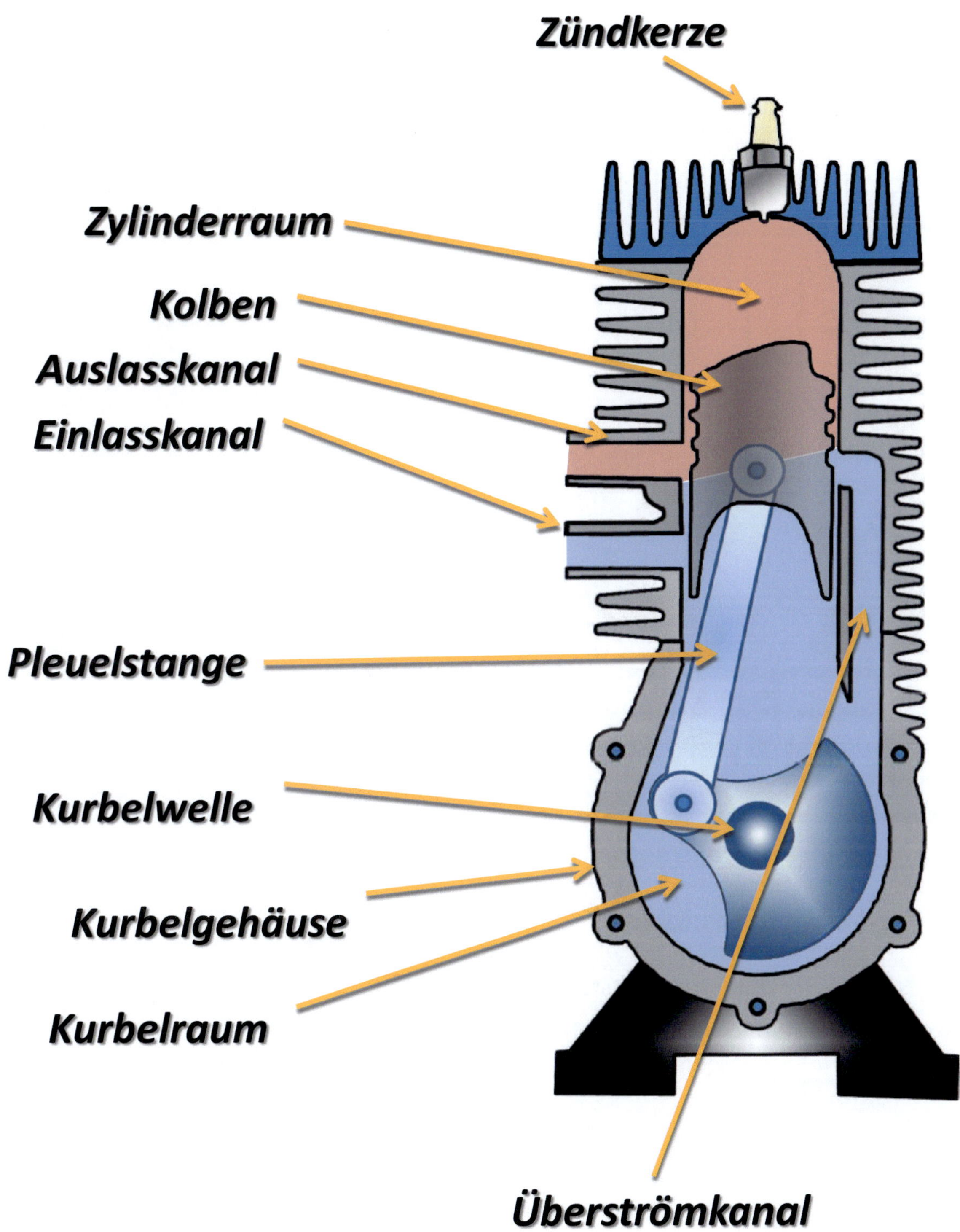

Der Zweitakt-Ottomotor

→ Einfacher Aufbau, geringes Gewicht
→ Anwendung in Zweirädern, Booten, Gartenmaschinen, etc.

Wirkungsweise:

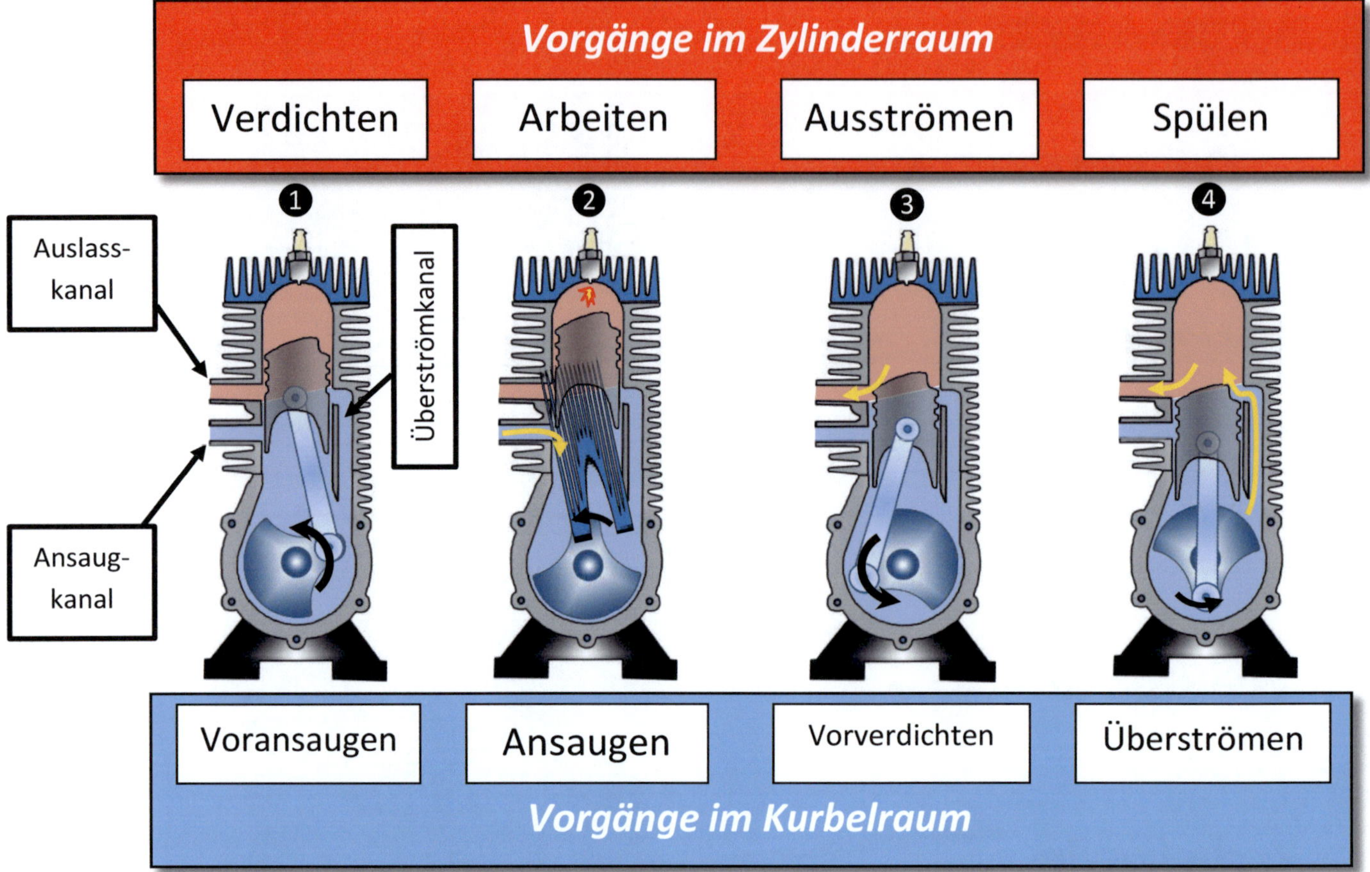

Arbeitsschritte im Zweitaktmotor:

❶ **Kolben bewegt sich nach oben**
→ ***Zylinderraum:*** Gasgemisch wird verdichtet. **(Verdichten)**
→ ***Kurbelraum:*** Unterdruck entsteht. **(Voransaugen)**

❷ **Kolben ist im Bereich des oberen Totpunkts**
→ ***Zylinderraum:*** Gasgemisch wird gezündet. Die Verbrennung treibt den Kolben nach unten **(Arbeiten)**
→ ***Kurbelraum:*** Gasgemisch strömt über den Ansaugkanal ein. **(Ansaugen)**

❸ **Kolben bewegt sich nach unten**
→ ***Zylinderraum:*** Abgase entweichen über den Auslasskanal **(Ausströmen)**
→ ***Kurbelraum:*** Gasgemisch wird vorverdichtet. **(Vorverdichten)**

❹ **Kolben ist im Bereich des unteren Totpunkts**
→ ***Kurbelraum:*** Vorverdichtetes Gasgemisch strömt über den Überströmkanal in den Zylinderraum. **(Überströmen)**
→ ***Zylinderraum:*** Das Gasgemisch verdrängt die Abgase aus dem Zylinderraum. **(Spülen)**

Der Kolben hat sich hier in einem Arbeitsspiel einmal nach oben und wieder nach unten bewegt (2 Takte). Während dieser Zeit hat sich die Kurbelwelle einmal gedreht.

Der Viertakt-Ottomotor

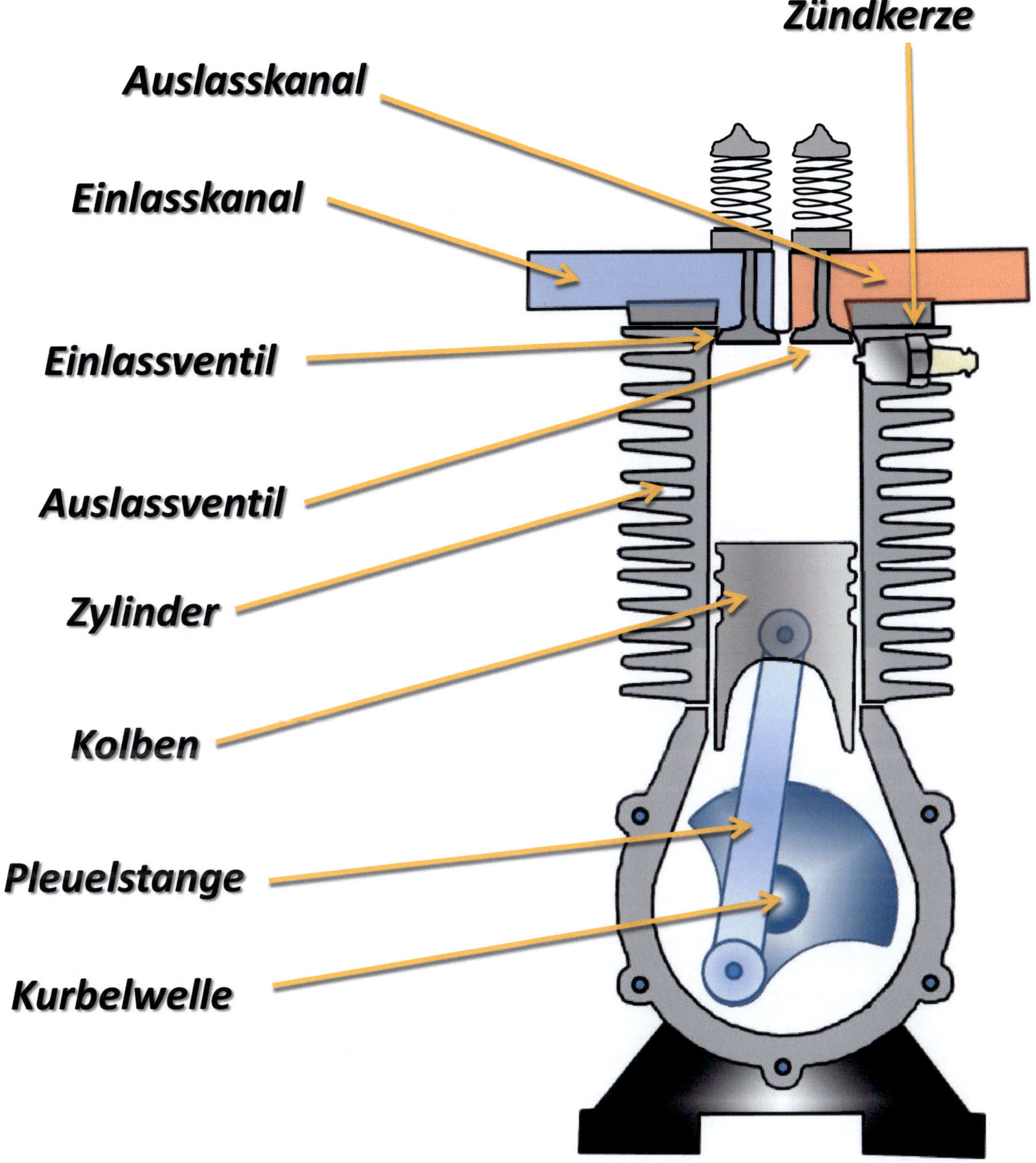

Der Viertakt-Ottomotor

→ Ca. die doppelte Leistung im Vergleich zum Zweitakter (bei gleichem Hubraum)
→ Geringerer Verbrauch!!

Wirkungsweise:

1. Takt
Ansaugen
Kolben ↓
Luft- Kraftstoff-gemisch wird angesaugt (Einlassventil offen)

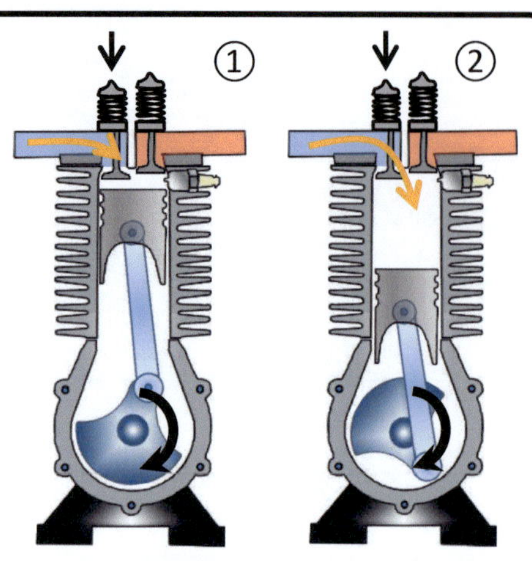

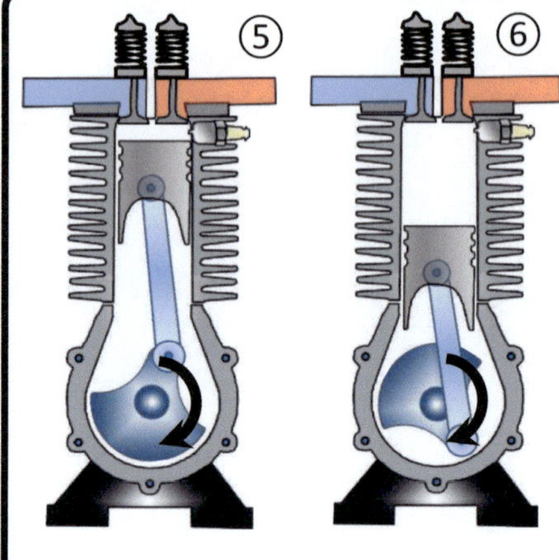

3. Takt
Arbeiten
Kolben ↓

Durch die Zündung des eingespritzten Kraftstoffs wird der Kolben angetrieben. (ca. 2000°C)

2. Takt
Verdichten & Zünden
Kolben ↑

Temperaturanstieg (300°C bis 600°C)

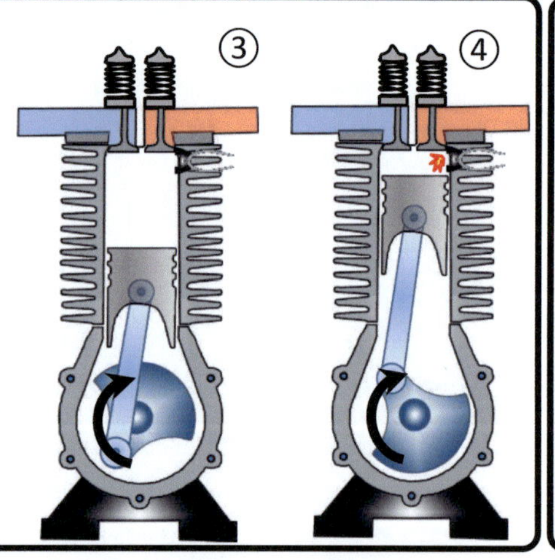

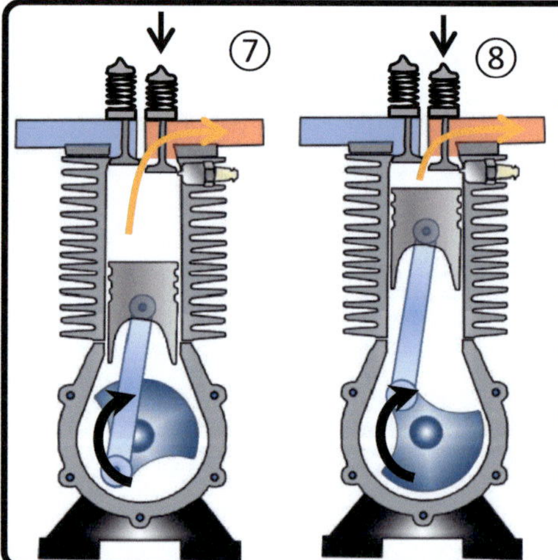

4. Takt
Ausstoßen
Kolben ↑

Abgase werden ausgestoßen (Auslassventil offen)

<u>Arbeitsschritte im Viertaktmotor:</u>

❶ **Ansaugen: Kolben bewegt sich nach unten**
→ ***Bei geöffnetem Einlassventil dringt das Luft-Kraftstoff-Gemisch in den Zylinder)***

❷ **Verdichten und Zünden: Kolben bewegt sich nach oben (Ventile geschlossen)**
→ ***Luft-Kraftstoffgemisch wird verdichtet und kurz vor den OT gezündet)***

❸ **Verbrennen und Arbeiten: Kolben bewegt sich nach unten**
→ ***Gezündetes Luft-Kraftstoffgemisch treibt den Kolben zum UT)***

❹ **Ausstoßen: Kolben bewegt sich nach oben**
→ ***Bei geöffnetem Auslassventil entweichen die Abgase.***

Der Kolben hat sich hier in einem Arbeitsspiel zweimal nach oben und wieder nach unten bewegt (4 Takte). Während dieser Zeit hat sich die Kurbelwelle zweimal gedreht.

(OT: Oberer Totpunkt UT: unterer Totpunkt)

Vergleich: Viertaktmotor ↔ Zweitakter

→ Zweitaktmotoren haben einen kleineren Wirkungsgrad (bei gleichem Hubraum) nur ca. **die Hälfte der Leistung eines Viertakters**.

→ Der Zweitakter ist **einfacher aufgebaut** als ein Viertakter.

→ Anwendung (Zweitakter): In Mofas, Rasenmähern, Motorbooten.

→ Anwendung (Viertakter): Leistungsstarke Motoren.

→ **Zweitakter braucht im Vergleich deutlich mehr Benzin**.

→ Der Zweitakter besitzt im Gegensatz zum Viertakter **keine Ventile**.

Das **Öl wird beim Zweitakter dem Benzin beigemischt und deshalb mit verbrannt.** (→ typische blaue Abgasfahne und der unverkennbare Geruch). Das belastet natürlich die **Umwelt**! Außerdem setzt sich das **verbrannte Öl** auf dem Kolben und im Auspuff ("Ölkohle") fest. Ist zu viel davon vorhanden, wird die Leistung des Motors verringert. Man braucht beim **Zweitakter mehr Benzin als beim Viertakter**, und dazu noch Öl für das Gemisch (1:50). (Kosten: kaum weniger als Super!)

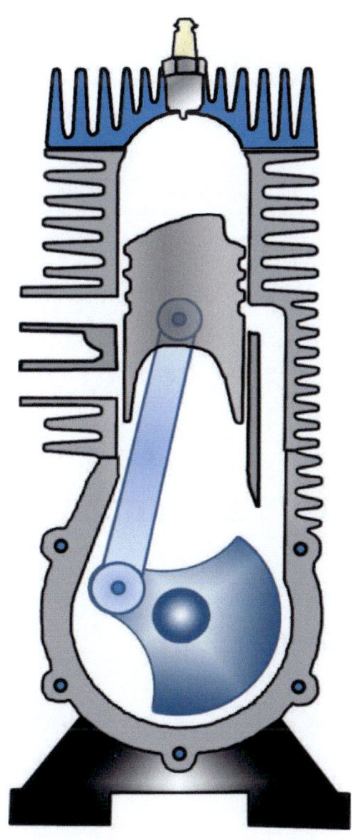

Zweitakt- Motor

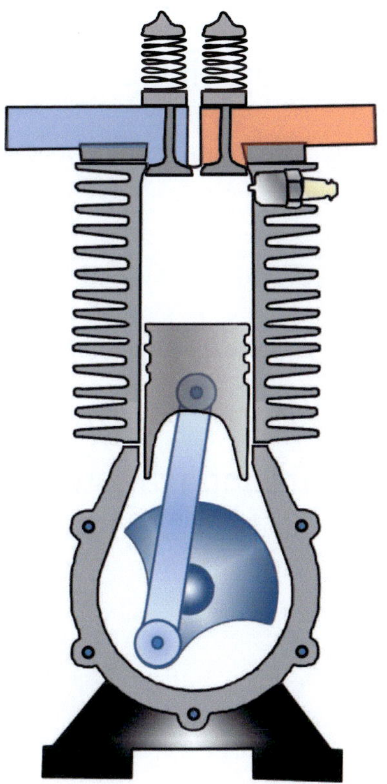

Viertakt-Motor

Ottomotor: Die Kraftstoff-Gemischbildung

***Ziel:* Möglichst vollständige Verbrennung des Kraftstoffs!**

Anforderungen an das Kraftstoffgemisch:

→ Richtiges Luft-Kraftstoff-Mischungsverhältnis

→ feine Zerstäubung des Kraftstoffs

Zwei Methoden:

❶ Vergaser

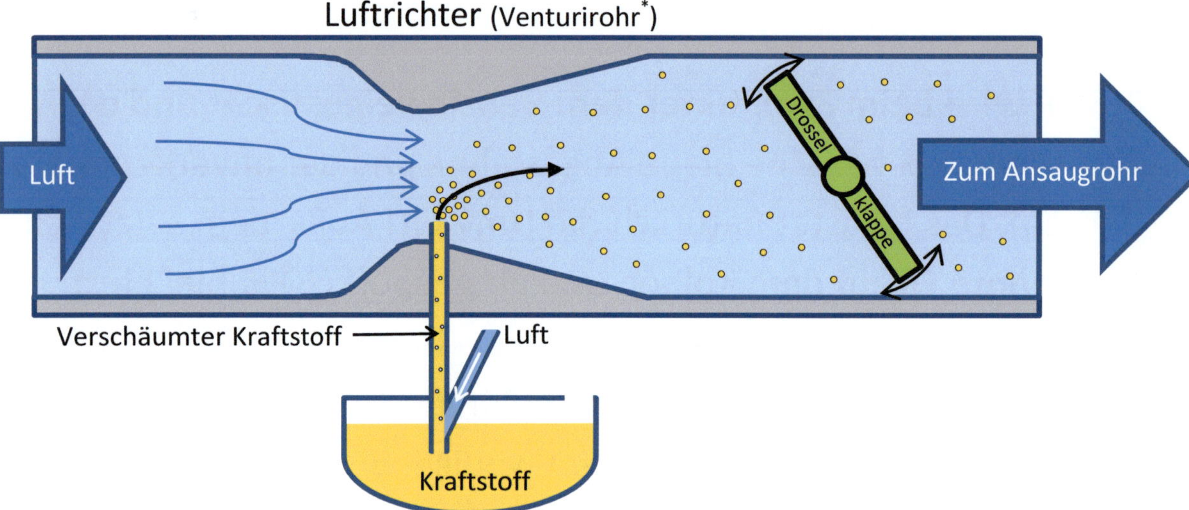

Luft wird mit verschäumtem Kraftstoff im Luftrichter vermischt. Durch die Drosselklappe wird die Kraftstoffmenge geregelt.

(* Giovanni Battista Venturi: Ital. Physiker)

❷ Benzineinspritzung (heute)

Durch die Einspritzdüse (im Einlasskanal) gelangt immer genau die erforderliche Kraftstoffmenge in den Zylinder.

→ umweltfreundliche Abgaswerte und günstiger im Verbrauch!

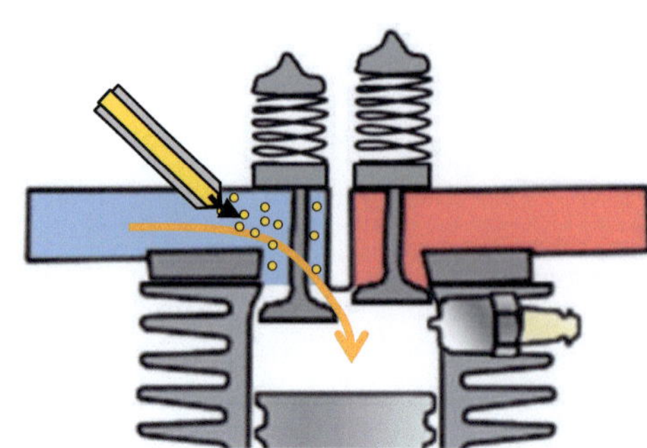

Der Viertakt-Dieselmotor

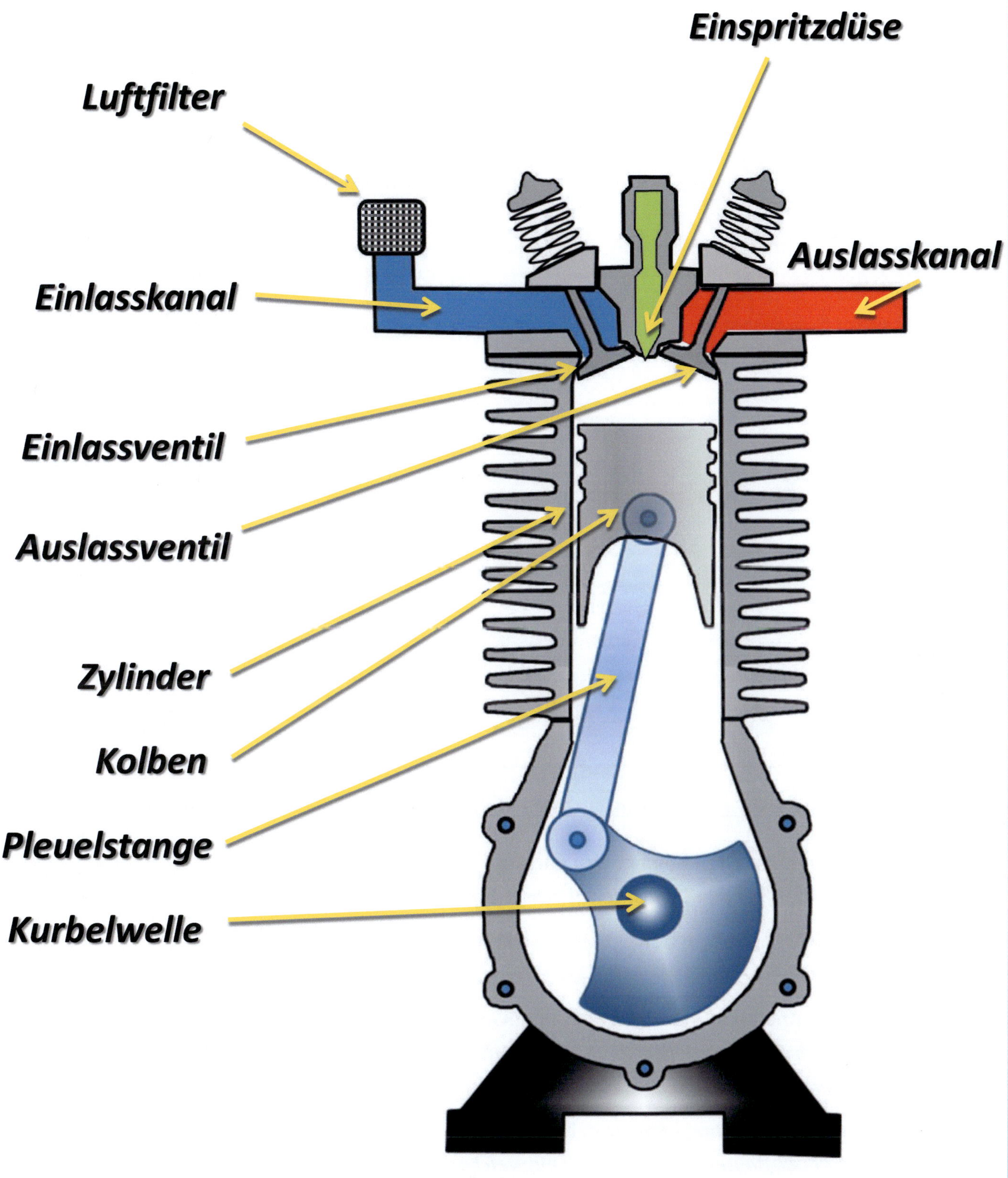

Der Viertakt-Dieselmotor

→ Dieselkraftstoff zündet nach der Einspritzung in den Zylinder selbstständig (→ keine Zündkerze!)

Wirkungsweise:

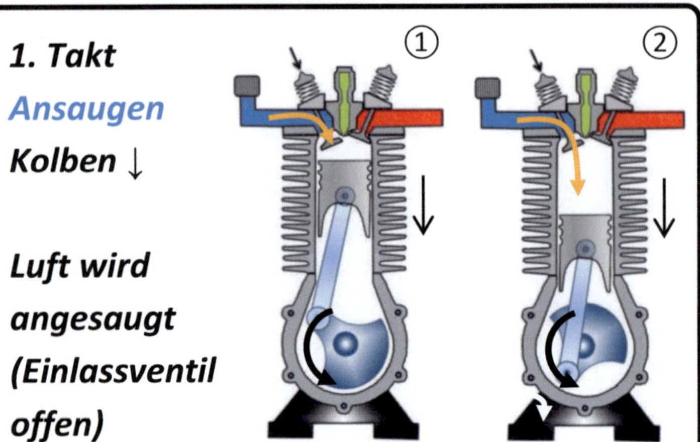

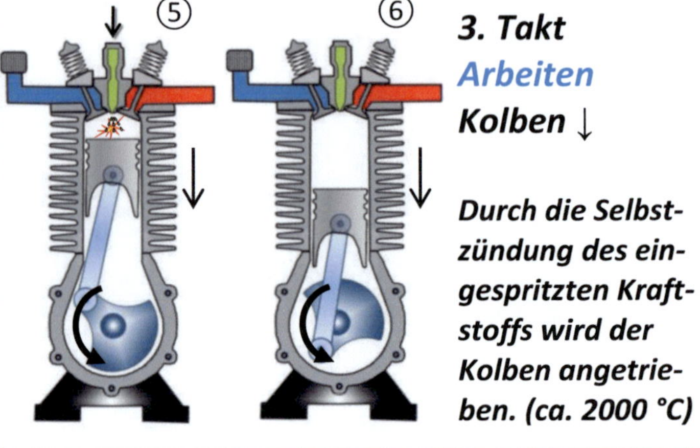

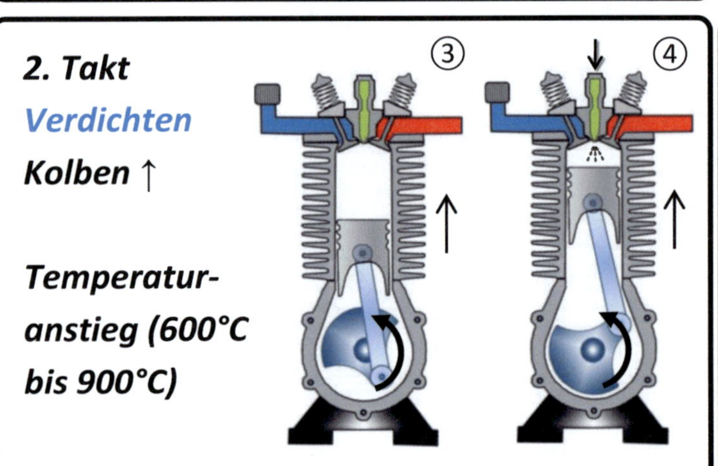

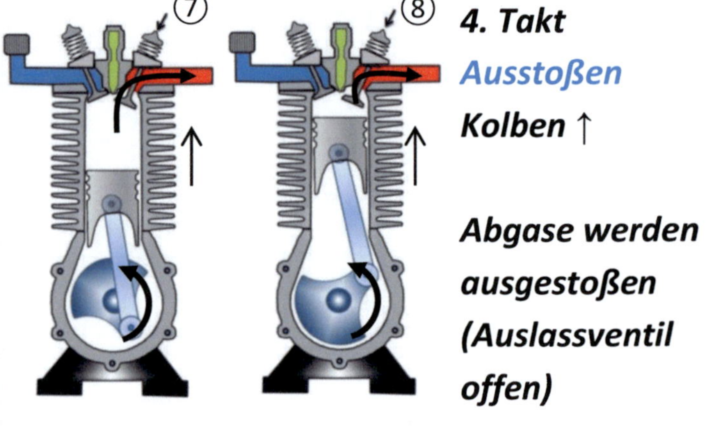

<u>*Arbeitsschritte im Viertaktmotor: (Diesel)*</u>

❶ **Ansaugen: Kolben bewegt sich nach unten**
→ ***Bei geöffnetem Einlassventil dringt Luft in den Zylinder.***

❷ **Verdichten: Kolben bewegt sich nach oben (Ventile geschlossen)**
→ ***Kurz bevor der Kolben den OT erreicht erfolgt die Voreinspritzung des Kraftstoffs.***

❸ **Verbrennen und Arbeiten: Kolben bewegt sich nach unten**
→ ***Nach der Haupteinspritzung des Kraftstoffs erfolgt die Selbstzündung und treibt den Kolben zum UT .***

❹ **Ausstoßen: Kolben bewegt sich nach oben**
→ ***Bei geöffnetem Auslassventil entweichen die Abgase.***

Der Kolben hat sich auch hier in einem Arbeitsspiel zweimal nach oben und wieder nach unten bewegt (4 Takte). Während dieser Zeit hat sich die Kurbelwelle zweimal gedreht.
(OT: Oberer Totpunkt UT: unterer Totpunkt)

Weitere Skripte:

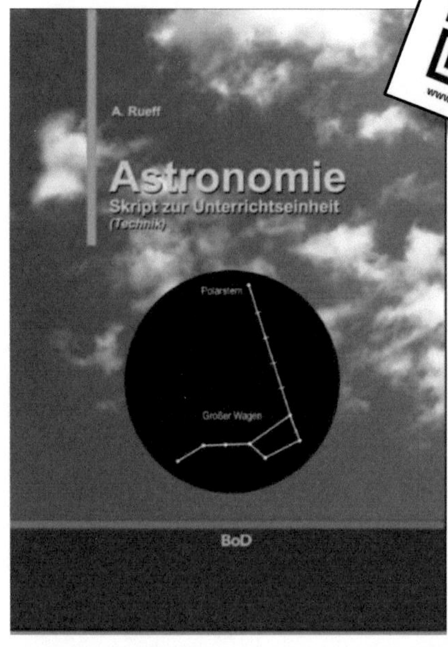